HILDEGARD ISERLOHE/GERTRUDE ZIPS

Hardanger
Neue Stick-Ideen

Hildegard Iserlohe/Gertrude Zips

Hardanger
Neue Stick-Ideen
Tischwäsche und Dekorationen
Vorlagenbogen

Augustus Verlag

Inhalt

Vorwort

Die schlichte Eleganz der Hardangerstickerei ist es wohl, die diese jahrhundertealte Handarbeitstechnik bis heute lebendig gehalten hat. Und gerade in jüngster Zeit erfreut sich diese klare und dennoch so kunstvolle norwegische Stickerei wachsender Beliebtheit – ein Umstand, der uns zu diesem Buch voller neuer Ideen inspiriert hat.

Vom kleinen Deckchen oder Geschenkanhänger bis zur eindrucksvollen großformatigen Tischdecke reichen unsere Vorschläge, und dementsprechend sind einige Modelle ganz rasch gestickt, andere, mit geometrischen Dessins oder filigranen Mustern, erfordern dagegen etwas mehr Geduld.

Der Stern und das Band bleiben die traditionellen Grundmotive dieser Stickerei, wir haben aber auch viele neue Motive entworfen, die den zeitlos schönen Charakter der Hardangerstickerei unterstreichen. Und auch wenn die Norwegerinnen ihre Trachten, Tisch- oder Bettwäsche ausschließlich aus weißem Leinen gearbeitet und bestickt haben, sollte Sie das nicht abhalten, auch einmal auf andere Stoffe und Stoffarben oder spezielle Garne zurückzugreifen.

Mit den Anleitungen, Zählmustern und aufwendigen Detailfotos dieses Buches werden Sie keine Schwierigkeiten haben, die schönsten Modelle nachzuarbeiten. Und daß es Ihnen dabei nicht an der notwendigen Ausdauer und vor allem Freude mangelt, das wünschen Ihnen

Hildegard Iserlohe
Gertrude Zips

Lehrgang

Die Hardangertechnik gehört zu den Durchbruchstickereien. Zunächst sticken Sie nach Zählmuster Plattstichgruppen. Danach werden vorgegebene Gewebefäden ausgeschnitten und ausgezogen. Die verbleibenden Gewebefäden umwikkeln oder umstopfen Sie, so daß ein filigranes Muster entsteht. Welche Bedeutung die einzelnen Zeichen in den Zählmustern haben, können Sie der Zeichenerklärung auf Seite 12 entnehmen.

Plattstiche

① *Plattstiche im geraden Fadenverlauf*

Jede Plattstichgruppe besteht aus fünf Stichen, wobei jeder Stich über vier Gewebefäden gearbeitet wird. Zwischen den Plattstichgruppen bleiben vier Gewebefäden stehen.

② *Plattstiche im schrägen Fadenverlauf*

Hier werden die Plattstichgruppen abwechselnd waagerecht und senkrecht aneinander gestickt. Jeder Stich wird wieder über vier Gewebefäden gearbeitet.

③ *Plattstichquadrate im schrägen Fadenverlauf*

Technik wie bei *Plattstich im schrägen Fadenverlauf.* Hier werden zwei Reihen Plattstichgruppen aneinander gestickt.

④ *Plattstichquadrate im geraden Fadenverlauf*

⑤ *Plattstichfassungen im schrägen Fadenverlauf mit ausgezogenen Gewebefäden*

Die ausgeschnittenen Gewebefäden werden ausgezogen, damit ein Fadengitter entsteht.

⑥ *Plattstichfassungen in einem Quadrat mit geradem Fadenverlauf*

⑦ *Kleeblattstich*

Er wird über 4, 5, 6, 5, 4 Gewebefäden gestickt. Hier ist der Stich im geraden Fadenverlauf ausgeführt. Zwischen den Kleeblättern ist ein Abstand von vier Gewebefäden.

⑧ *Kleeblattstich im schrägen Fadenverlauf*

Siehe *Kleeblattstich.* Allerdings ist hier zwischen den Kleeblatt-

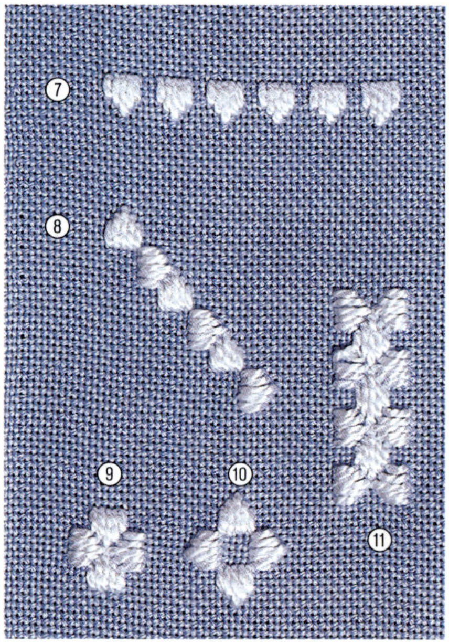

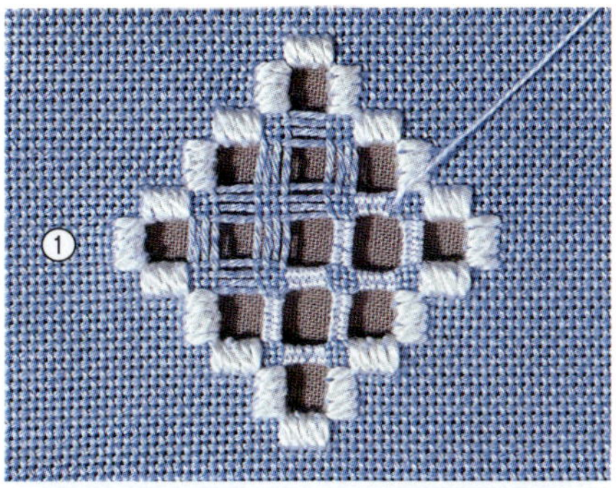

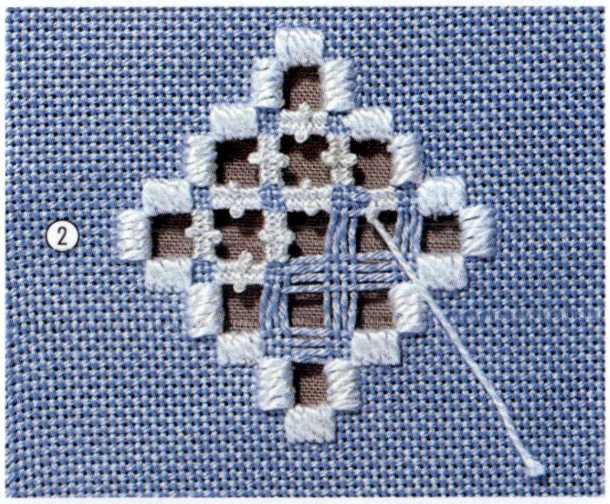

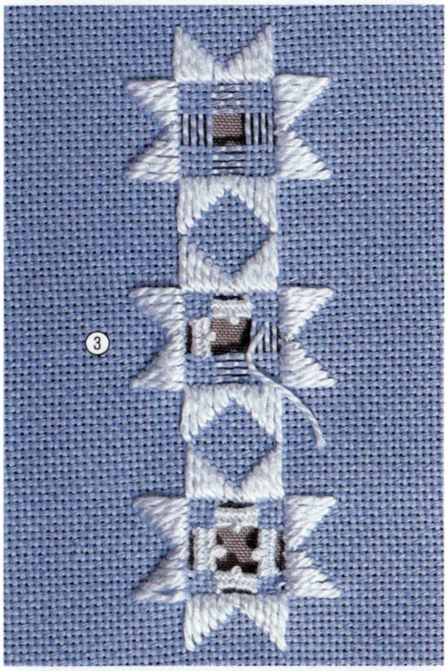

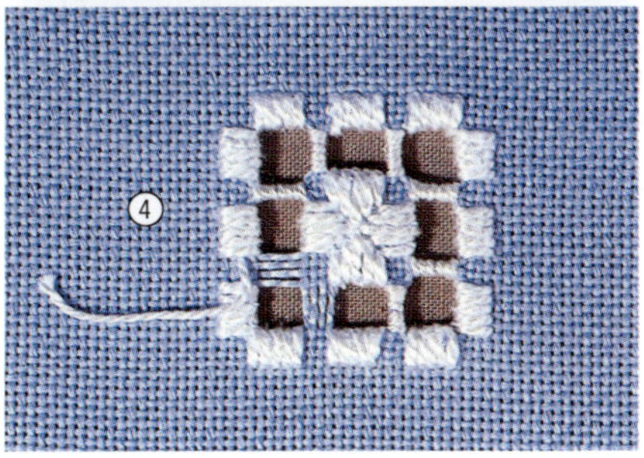

stichen kein Abstand von vier Gewebefäden. Die Kleeblätter werden ineinander gearbeitet. Diese Anordnung kann auch als Plattstichgruppe zum Ausschneiden gestickt werden.

⑨ *Kleeblattstich mit der Spitze nach innen*

Diese Variante kann als Zierstich in einem Muster angeordnet werden, wird aber öfters auch als Plattstichgruppe verwendet.

⑩ *Kleeblattstich mit der Spitze nach außen*

Diese Anordnung wird als Zierstich verwendet.

⑪ *Kleeblattvariation*

Hier werden zwei Reihen Kleeblätter parallel gestickt, im Zwischenraum werden 4, 6, 8, 6, 4 Gewebefäden überstickt.

Stegvariationen

① *Stopfstege*

Dazu werden Stege aus jeweils vier Gewebefäden benötigt. Die Nadel wird in der Mitte der vier Gewebefäden eingestochen, dann wird sie abwechselnd um zwei Gewebefäden gestochen, bis auf beiden Seiten sechs bis sieben Stiche liegen.

② *Pikotstege*

Technik wie unter *Stopfstege* beschrieben. Jedoch werden nach drei Stichen auf beiden Seiten, also in der Stegmitte, Pikots eingearbeitet. Ein Pikot ist ein Knoten im Faden, also etwas, was sonst nicht erwünscht ist. Hier ist er allerdings erforderlich. Es bedarf einiger Übung, dieses Pikot genau in der Mitte zu plazieren. Der Garnfaden kommt in der Stegmitte heraus. Nun mit dem linken Daumen den Garnfaden festhalten, mit der rechten Hand die Nadel unter den Garnfaden führen und die Schlinge, die sich ergibt, vorsichtig bis an die Stegmitte schieben. Den ganzen Vorgang auf der anderen Seite des Steges wiederholen.

③ *Pikotstegvarianten*

Hier ist unbedingt auf die Schnittweise zu achten: Von der Ecke aus bleiben vier Gewebefäden stehen, die mittleren vier Gewebefäden werden ausgeschnitten, die restlichen vier Gewebefäden bleiben wieder stehen.

④ *Wickelstege*

Für die Wickelstege benötigt man – wie bei *Stopf- und Pikotstegen* – vier Gewebefäden, die allerdings alle auf einmal umwickelt werden.

① *Schlingstich in einem Feld, das im schrägen Fadenverlauf gestickt wurde*

Für einen Schlingstich werden immer drei gestopfte Stege und ein halb gestopfter Steg benötigt. Vom halb gestopften Steg aus wird die Nadel zu jedem gestickten Steg geführt, und zwar der Reihe nach, entweder rechts herum oder links herum, beide Richtungen sind möglich. Die Nadel von oben in die Stegmitte stechen und dabei den Garnfaden unter der Nadel lassen. Zum Schluß die Nadel vor dem Einstich in den halb gestopften Steg unter dem gespannten Garnfaden (der zum ersten Steg führt) führen und den Steg zustopfen. Den Vorgang je nach Muster wiederholen.

② *Schlingstichanordnung in einem Feld, das in geradem Fadenverlauf gearbeitet wurde*

③ *Schnecken*

Technik wie unter *Schlingstich in einem Feld, das im schrägen Fadenverlauf gestickt wurde,* beschrieben. Jedoch vor dem Zurückstechen in den halbgestopften Steg, wie beim Weben, abwechselnd einmal die Nadel über eine Schlinge führen und einmal unter einer Schlinge durchführen. Diesen Vorgang noch einmal wiederholen und dann in die Mitte des halbgestopften Steges zurückgehen und den Steg zustopfen.

④ *Fertige Schnecke*

Madeiraröschen-Variationen

① *Madeiraröschen in verschiedenen Anordnungen*

Das Madeiraröschen ist ein Stich aus der Ajourstickerei und ergibt sich nicht, wie die Stiche in der Hardangerstickerei, durch Ausschneiden, sondern lediglich durch Zusammenziehen der Garnfäden. Je fester Sie also die Stiche bzw. den Garnfaden anziehen, desto größere Löcher entstehen und ergeben den Effekt. Das Madeiraröschen ist ein Quadrat mit einer Seitenlänge von jeweils vier Gewebefäden. Die Nadel wird in der Mitte dieses Quadrats eingestochen, danach in der Außenkante zwischen jeden Gewebefaden geführt und immer wieder in der Mitte ausgestochen.

② *Madeiraröschen, in einem Plattstichquadrat angeordnet*

Dies ist die gebräuchlichste Verwendung des Madeiraröschens.

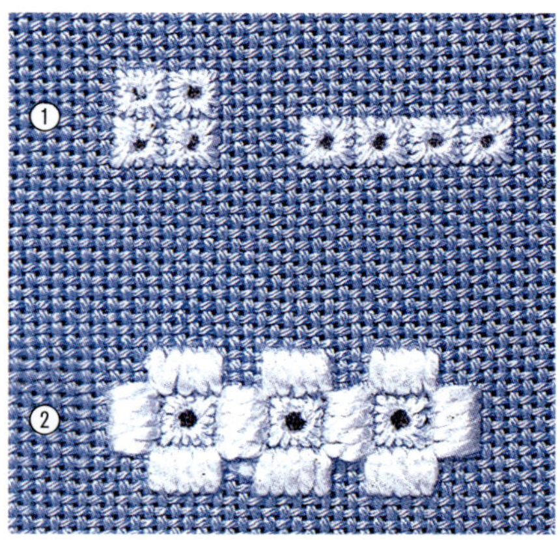

Malteserkreuz-Variationen

① *Malteserkreuze, im schrägen Fadenlauf ineinander gestickt*

Hier wird in einem Arbeitsgang jeweils ein Viertel eines Malteserkreuzes gestickt, in einem anderen Arbeitsgang folgen die übrigen drei Viertel des Kreuzes. Dieser Arbeitsablauf ist sehr garnsparend. In der Spitze werden die übriggebliebenen Stege mit Wickelstichen umstickt, dabei wird der Garnfaden mehrmals um zwei Gewebefäden geführt. Diese Wickeltechnik wird oft in Verbindung mit Malteserkreuzen verwendet. Alles, was an Stegen für ein Malteserkreuz nicht benötigt wird, wird mit Wickelstichen versehen.

② *Malteserkreuzspinne*

Die Spinne ist ein schöner Füllstich, der durch Verwendung von feinem Garn sehr filigran wirkt. Für eine Spinne benötigt man ein Plattstichquadrat von 21 Stichen, es müssen im Quadrat 20 Gewebefäden stehen bleiben. Das Foto zeigt Malteserkreuzspinnen im geraden Fadenverlauf. Hier zunächst den vernähten Faden unter einem Steg durchführen und zuerst die Mitte mit vier Malteservierteln sticken, danach den Faden in die Außenreihe führen und die restlichen Malteserviertel sticken. Diese Spinne kann auch in ein Feld, das im schrägen Fadenverlauf gestickt ist, eingearbeitet werden.

Heckenrose

Für den Zierstich Heckenrose wird ein Plattstichquadrat von 20 Gewebefäden benötigt, siehe ①. Schneiden Sie wie in ② dargestellt aus. ③ zeigt die Arbeitstechnik. Mit dem Garnfaden alle vier Gewebefäden zwei- bis dreimal umwickeln, dann die Nadel um die vier gegenüberliegenden Gewebefäden führen und abwechselnd beide Stege viermal umwickeln. Den Steg, der an der Plattstichgruppe liegt, noch zwei- bis dreimal umwickeln und dann auf der linken Seite den Garnfaden durch die Plattstichgruppen zu den nächsten Stegen führen. ④ zeigt eine fertige Heckenrose.

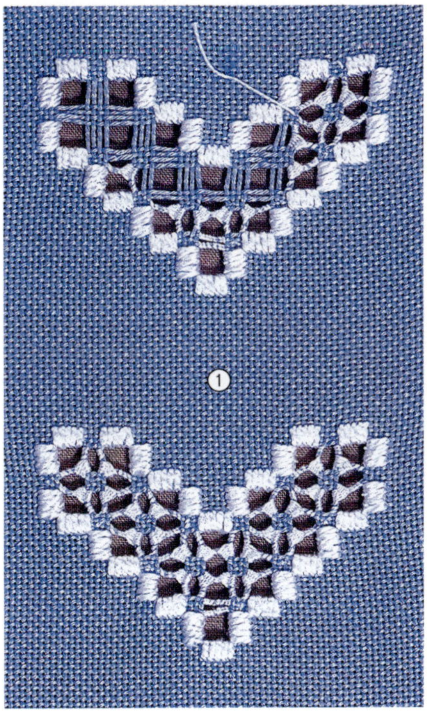

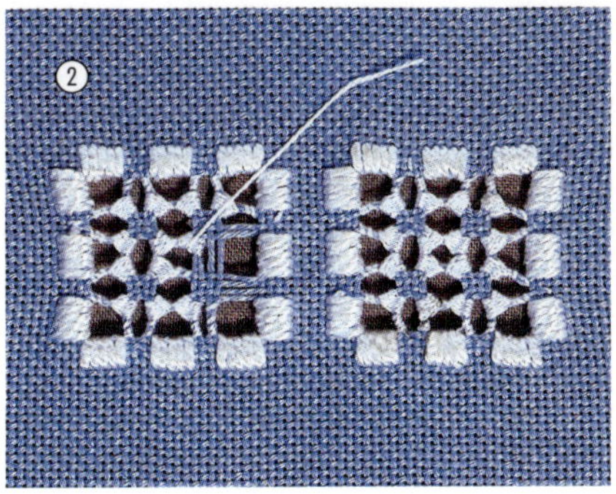

Edelweiß

Das Edelweiß ist ein Zierstich über 12 Gewebefäden. Von der Ecke aus werden jeweils fünf Gewebefäden ausgeschnitten, so daß die mittleren beiden Gewebefäden auf jeder Seite stehen bleiben (①, ②). In einem zweiten Arbeitsgang diagonal Hilfsfäden einziehen, drei der Hilfsfäden werden umwickelt, der vierte Hilfsfaden bleibt offen (③). Von der Mitte aus sind nun vier Runden zu arbeiten. Dafür wird die Nadel immer unter zwei Stegen durchgeführt und der letzte Steg noch einmal umwickelt (④, ⑤). Nach vier Runden werden die Blüten angestickt. Die Nadel wird um den Garnfaden der letzten Runde geführt und abwechselnd der Steg (bzw. der Hilfsfaden) und der Garnfaden der vierten Runde umwickelt (⑥). Die Wickeltechnik bei der Blüte gleicht der des *Malteserkreuzes.*

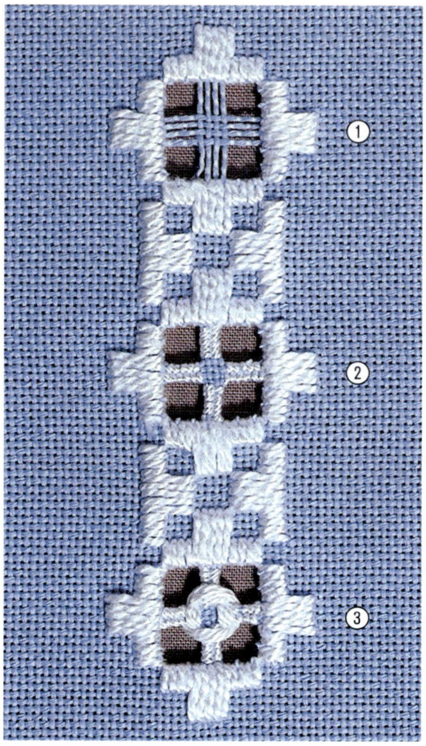

Wickelzierstich

Für diesen Stich benötigen Sie wieder ein Feld von je 12 Gewebefäden Seitenlänge. Von der Ecke aus vier Gewebefäden schneiden, vier Gewebefäden stehen lassen und vier Gewebefäden schneiden (①). Danach die Stege stopfen (②) und zum Schluß mit der Nadel den Garnfaden auf der linken Seite durch einen Steg zur Mitte führen und den Garnfaden abwechselnd über einem Steg und unter einem Steg durchführen, den Vorgang noch einmal wiederholen, dann den Faden auf der linken Seite in einem Steg vernähen (③).

Blüten und Blätter

Die Technik des Blüten- und Blätterstickens gehört innerhalb der Hardangerstickerei zur Spitzenstickerei. Sie wird immer mit ganz dünnem Garn, also Garnstärke Nr. 8, ausgeführt und verleiht dadurch jedem Muster ein sehr filigranes und spitzenartiges Aussehen.

① Blüten

Für die Blüten werden in die bereits gestopften Stege Hilfsfäden eingezogen, die dann abwechselnd umstopft werden. Bitte beachten Sie, daß das Modell *Rechteckiges rustikales Deckchen* von Seite 27 aus Blü-

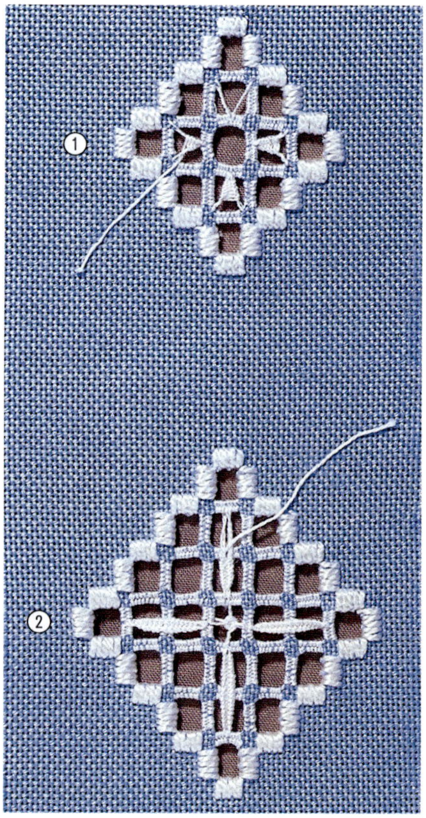

ten besteht, die in größere Felder eingearbeitet sind, weshalb auch die Blüten größer sind.

② *Blätter*

Hier werden jeweils vier Garnfäden an den Stopfstegen gespannt. Gestopft werden diese Garnfäden wie die *Stopfstege.*

Plattstichmotive

Achtel, viertel, halber und ganzer Stern (① bis ④)

Jedes Viertel dieser Sternvariationen wird immer von der Mitte aus begonnen. Wenn ein Viertel gestickt ist, den Garnfaden auf der linken Seite wieder zur Mitte führen und von dort mit dem nächsen Viertel weiterarbeiten. Über welche Gewebefäden die Sternvariationen im einzelnen Modell gehen, ist jeweils angegeben und ist auf den Detailfotos der Anleitung erkennbar.

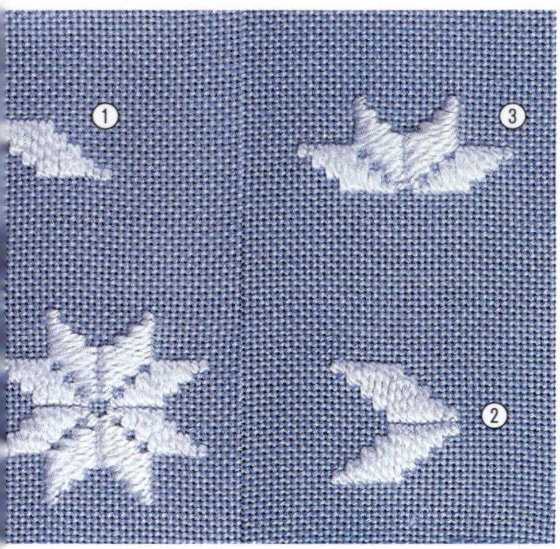

Randabschlüsse

① *Langettenrand*

Der Langettenrand ist der häufigste Randabschluß in der Hardangerstickerei. Er wird an die Plattstichgruppen angeordnet. Jeder Stich wird über vier Gewebefäden gestickt. Bei der Ausstichstelle muß der Garnfaden immer unter der Nadel bleiben. In den Ecken wird die Nadel drei- bzw. fünfmal in das gleiche Loch gestochen, wobei in der Außenkante immer zwei Gewebefäden tiefer gestochen werden muß, damit sich eine Ecke bildet. Die diagonalen Stiche in der Ecke erscheinen optisch länger, aber auch diese Stiche werden immer nur über vier Gewebefäden gestickt. Nach Fertigstellung des Langettenrandes wird durch diesen auf der linken Seite ein Faden in der Farbe des verstickten Garns gezogen. Danach das Modell vorsichtig von links ausschneiden.

② *Langetten-Muschelrand*

Hier ist der Rand im geraden Fadenverlauf ausgeführt. Zwischen den Plattstichgruppen im geraden Fadenverlauf ist der mittlere Langettenstich über sechs Gewebefäden gestickt. Dieser verlängerte Stich gibt dem Rand mehr Stabilität. Die Muscheln im schrägen Fadenverlauf sind nichts anderes als die aneinandergereihten Ecken des Langettenrandes. Ein Randabschluß, der sich sehr schnell sticken läßt.

③ *Muschelrand*

Siehe Beschreibung beim *Langetten-Muschelrand.* Auch beim Muschelrand wird jeder Langettenstich über vier Gewebefäden geführt. Die Muscheln sind, wie bereits erwähnt, die Ecken des Langettenrandes, die aneinander gestickt werden. Nach Fertigstellung dieses Randes zunächst einen dicken Garnfaden im gleichen Farbton von links durch die Muscheln ziehen, dann den Rand vorsichtig von links ausschneiden

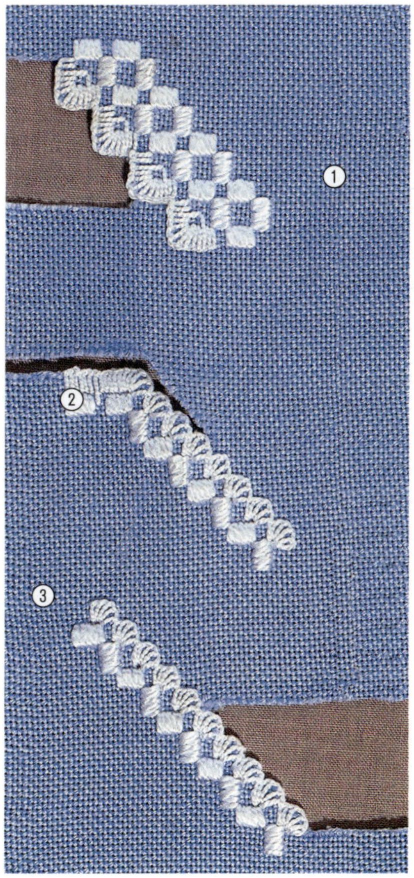

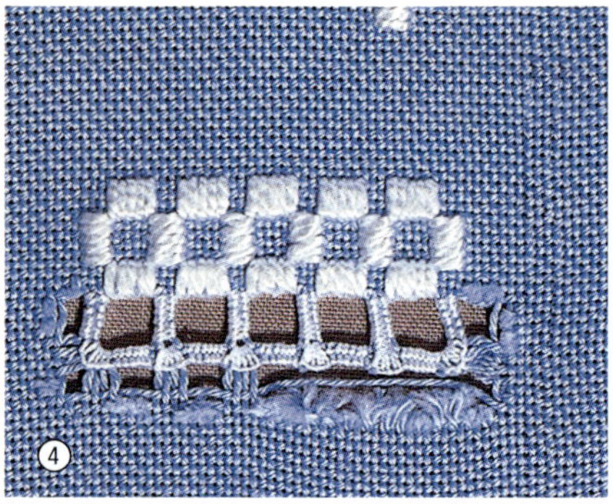

und zum Schluß mit Textilkleber sichern, ebenfalls von links. Der Muschelrand läßt sich nur an Modellen arbeiten, die im schrägen Fadenlauf gestickt sind.

④ *Spitzenrand im geraden Fadenverlauf*

Dafür zunächst ein Fadengitter vorbereiten. Dieses Fadengitter wird mit Stopfstegen bestickt, und an den Schnittpunkten werden jeweils von der Mitte aus Langettenstiche gestickt. Vor dem Übersticken der Schnittpunkte werden diese von links mit Textilkleber beklebt. Trocknen lassen und mit Langettenstichen übersticken. Zum Schluß den Rand der Stickerei vorsichtig abschneiden.

⑤ *Spitzenrand im schrägen Fadenverlauf*

Zunächst das Fadengitter freilegen, dann die Stege stopfen. Hier werden die Schnittpunkte, also die späteren Ecken, mit fünf Langettenstichen versehen. Die unter *Spitzenrand im geraden Fadenverlauf* beschriebene Klebetechnik ist auch hier anzuwenden.

Nach Fertigstellung die Stoffäden an den Ecken vorsichtig abschneiden.

Hohlsaum

Für den Hohlsaum rechnet man immer die dreifache Breite des fertigen Saumes. Ist ein fertiger Hohlsaum also z. B. 2 cm breit, dann benötigt man 6 cm Stoff. Diese Zugabe muß beim Kauf und natürlich vor Arbeitsbeginn einkalkuliert werden. Zunächst einen Gewebefaden ausziehen und den Faden in den Ecken, also in den Schnittpunkten, auf der linken Seite verknoten oder im Stoff zurücksticken bzw. vernähen. Dann den Stoff in der gewünschten fertigen Saumbreite dreimal einschlagen, in den Ecken eine Briefecke arbeiten und den Saum auf der linken Seite von links nach rechts festnähen. Dafür werden immer zwei Gewebefäden gebündelt umwickelt und es wird zwei Gewebefäden tiefer im Saum eingestochen.

Zeichenerklärung

	Plattstichgruppe (PG)
≣	*senkrecht*
ǀǀǀǀǀ	*waagerecht*
=	*Stopfsteg*
≠	*Pikotsteg*
✦	*Schnecke*
o	*Madeiraröschen*
V	*Blüten*
⟍⟍	*Blätter*
D	*Malteserkreuzspinne*
E	*Heckenrose*
F	*Wickelziertstich*
G	*Edelweiß*
△	*Muschelrand*
◁	*Spitzenrand, schräger Fadenlauf*
▽	*Spitzenrand, gerader Fadenlauf*
— - —	*Hohlsaum, 1 GF ausziehen*
GF	*Gewebefaden*

Material und Pflege

Stickgrund

Für die sehr zeit- und kostenintensive Hardangerstickerei sollten Sie nur beste Materialien verwenden. Von Baumwolle bis Leinen und Mischgewebe sind alle Stoffe im Handarbeitsfachhandel erhältlich.
Ob Ihre Stickerei eher elegant oder rustikal wirkt, hängt davon ab, wie dicht der Stoff gewebt ist. Je mehr Gewebefäden auf einen Zentimeter des Stoffes kommen, desto feiner gerät die Stickerei. Bei den Modellen in diesem Buch haben wir jeweils die Zahl der Gewebefäden (GF) pro zehn Zentimeter angegeben (z.B. 75 GF/10 cm). Entsprechend der Webdichte wird das gleiche Muster auf einem gröberen Stoff größer. Bedenken Sie dies bei der Planung Ihres Projektes.
Außerdem müssen Sie bei der Berechnung der Stoffmenge immer genügend Zugabe für den Saum einrechnen, wenn Sie einen Hohlsaum arbeiten wollen. Dafür wird das Dreifache der fertigen Saumbreite gerechnet.

Garn und Nadeln

Die Modelle sind – soweit nicht anders angegeben – mit *Anchor*-Perlgarn von *Coats Mez* der Stärken Nr. 3, 5 und 8 bestickt, dazu gehören die entsprechenden Nadelstärken 18, 20, und 22. Es wird mir stumpfen Nadeln gearbeitet.

Hilfsmittel

Als Rahmen empfehlen wir einen handlichen Federrahmen aus Kunststoff / Metall (ø ca. 14 cm). Für die Spitzenränder wurde der Textilkleber *Gütermann HT 2* verwendet, der bis 90 Grad waschbar ist und auch gute Dienste bei Reparaturen leistet. Zum Ausschneiden an den Plattstichgruppen sollten Sie eine kleine, scharfe und spitze Schere aus dem Handarbeitsfachgeschäft verwenden.

Waschen und bügeln

Nach der Fertigstellung wird das Modell von links auf einem Frotteehandtuch gebügelt. Sollten Sie die Handarbeit waschen, dann nur in einem Waschbeutel, damit die Stickerei geschont wird. Die Baumwollstoffe können in der Waschmaschine bis 95 Grad gewaschen werden, alle anderen Stoffe entsprechend der jeweiligen Temperaturangabe.

Klein, aber fein

Weißes Leinendeckchen

Größe: 42 x 18 cm
Stoffzuschnitt: 45 x 25 cm
Stoff: *Vieböck*-Leinen, Farbe 240, 42 und 150 cm breit, 60 GF/10 cm
Sticharten und Garn: Plattstiche und Motivumrandungen: *Anchor*-Perlgarn Nr. 3, Farbe 02, 15 g; Edelweiß und Langetten-Muschelrand: *Anchor*-Perlgarn Nr. 5, Farbe 02, 25 g

Anleitung
Das Deckchen ist aus einem Stoffrest gearbeitet. Arbeitsbeginn ist in der Mitte der Spitze. Zunächst die Plattstichgruppen arbeiten, dann nach Zählmuster mit den Motivumrandungen weitersticken. Die Motivanordnung zeigt die Aufteilung der Motive. Die Motivumrandungen werden über folgende Gewebefäden gearbeitet: 4, 4, 4, 4, 5, 6, 7, 4, 4, 4, 4. Das Muster kann verlängert werden.

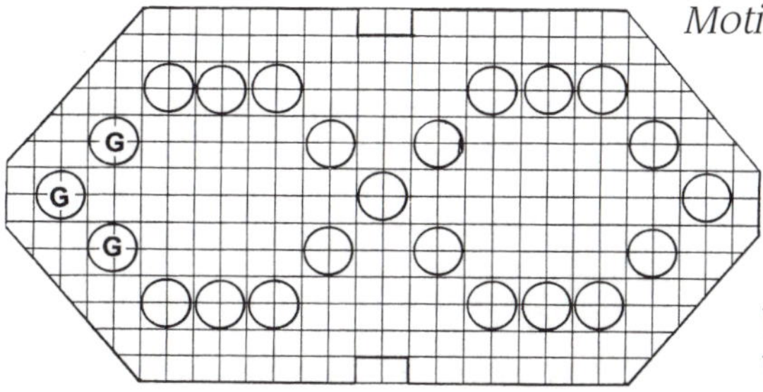

Motivanordnung

Vorlage siehe Vorlagenbogen Seite B

Kleines Deckchen

Größe: 42 x 21 cm
Stoffzuschnitt: 50 x 30 cm
Stoff: Flockenbast *(Zweigart & Sawitzki)* 140 cm breit, Farbe 53 natur, 71 GF/10 cm
Sticharten und Garn: Plattstich und 1/4 Stern: *Anchor*-Perlgarn Nr. 3, Farbe 926, 20 g; Heckenrose und Langettenrand: *Anchor*-Perlgarn Nr. 5, Farbe 926, 10 g; Madeiraröschen: *Anchor*-Perlgarn Nr. 8, Farbe 926, 10 g

Anleitung
Arbeitsbeginn ist wahlweise das Mittelmotiv oder aber in der Mitte einer Außenkannte mit den Plattstichgruppen. Die Viertel-Sterne werden über folgende Gewebefäden gestickt: 2, 2, 4, 4, 6, 6, 8, 8, 6, 6, 4, 4, 2, 2. Der Läufer ist in der Länge veränderbar. Aber auch ein Einzelmotiv ist sehr dekorativ und ein schönes Geschenk.

Vorlage siehe Vorlagenbogen Seite A

Klapper-deckchen

Größe: 33 x 21 cm
Stoffzuschnitt: 40 x 21 cm
Stoff: *Sänger*-Leinen, rohweißes Leinenband (Art. 2653/1), 21 cm breit, 80 GF/10 cm
Sticharten und Garn: Plattstich und Kleeblattstich: *Anchor*-Perlgarn Nr. 5, Farbe 02, 10 g; Stopfstege, Madeiraröschen und Muschelrand: *Anchor*-Perlgarn Nr. 8, Farbe 02, 10 g

Anleitung
Die Stoffbreite genau auszählen und in der Mitte der Außenkante mit den Plattstichgruppen beginnen. Dann die Madeiraröschen arbeiten, danach die Stopfstege sticken. Der Muschelrand wird nur an die Spitzen gearbeitet, in der Länge dient die Webkante als Randabschluß.
Das Klapperdeckchen ergibt – durch Aneinanderreihung des Motivs – auch ein sehr schönes Tischband.

Vorlage siehe Vorlagenbogen Seite B

Herzen

Materialangabe für ein Herz

Größe: 11 x 11 cm
Stoffzuschnitt: 15 x 15 cm
Stoff: *Davosa*-Zählstoff (Art. 3770, *Zweigart & Sawitzki*), Farbe 629, 140 cm breit, 71 GF/10 cm
Sticharten und Garn: Plattstich: *Anchor*-Perlgarn Nr. 3, Farbe 213, 5 g; Langetten-Muschelrand: *Anchor*-Perlgarn Nr. 5, Farbe 213, 5 g; Stopfstege, Pikotstege und Madeiraröschen: *Anchor*-Perlgarn Nr.8, Farbe 213, 10 g

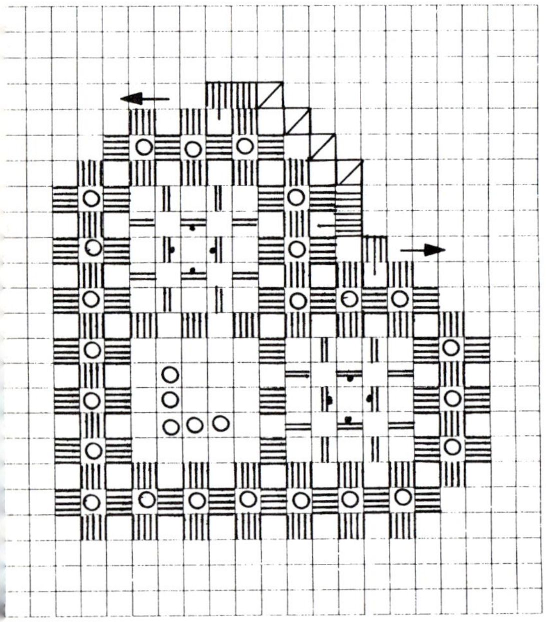

Anleitung
Beide Herzen sind aus einem Rest entstanden und im schrägen Fadenlauf gestickt. Die Stickanleitung ist aus dem Zählmuster ersichtlich. Das Herz rechts im Bild unterscheidet sich vom anderen Modell durch eine umgekehrte Anordnung der Stiche, die das Zählmuster zeigt.

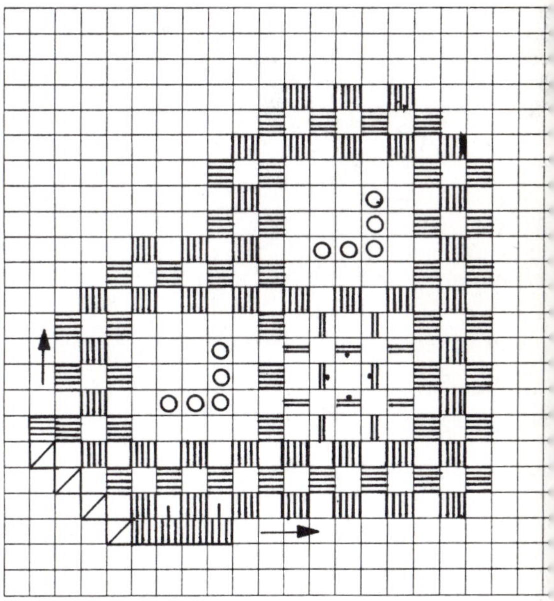

Läufer

Größe: 70 x 18 cm
Stoffzuschnitt: 80 x 30 cm
Stoff: *Ariosa*-Effektgewebe (Art. 3711, *Zweigart & Sawitzki*), Farbe 309, 140 und 180 cm breit, 75 GF/10 cm
Sticharten und Garn: Plattstich: *Anchor*-Perlgarn Nr. 3, Farbe 926, 15 g; Stopfstege, Blüten, Blätter, Spitzenrand, gerader und schräger Fadenlauf: *Anchor*-Perlgarn Nr. 8, Farbe 926, 20 g

Anleitung
Das Deckchen wird in der Mitte der schmalen Seite, ca. 5 cm ab der Stoffkante, begonnen. Die Blüten und Blätter werden nach den Stopfstegen eingearbeitet.

Vorlage siehe Vorlagenbogen Seite A

Rustikales Klapperdeckchen

Größe: 15 x 15 cm
Stoffzuschnitt: 20 x 20 cm
Stoff: *Tirol*-Zählstoff (Art. 5008, *I. C. Leibfried*), Farbe 01, 170 cm breit, 70 GF/10 cm
Sticharten und Garn: Plattstich: *Anchor*-Perlgarn Nr. 3, Farbe 926, 5 g; Langettenrand: *Anchor*-Perlgarn Nr. 5, Farbe 926, 5 g; Stopfstege und Pikotstege: *Anchor*-Perlgarn Nr. 8, Farbe 926, 10 g

Anleitung
Arbeitsbeginn kann in der Mitte einer Außenkante sein oder eine der Ecken. Das Deckchen kann beliebig in den Ausmaßen verändert werden. Die Stichanordnung ist auch in der *Quadratischen Decke mit Hohlsaum* Seite 28 zu sehen.

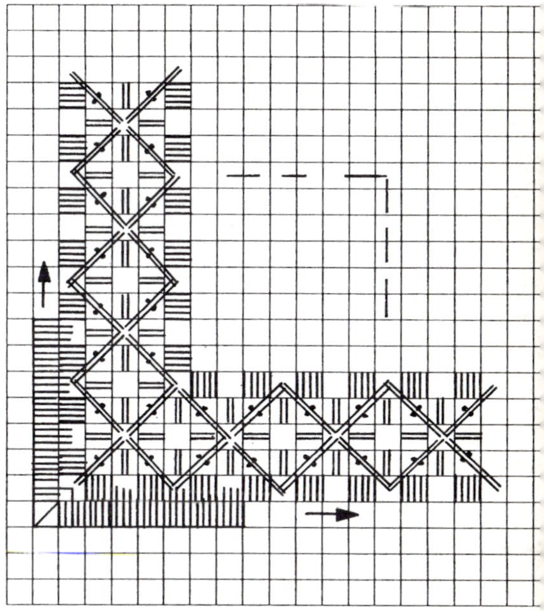

Quadratisches Deckchen

Größe: 28 x 28 cm
Stoffzuschnitt: 40 x 40 cm
Stoff: *Rügen*-Zählstoff (Art. 3015, *I. C. Leibfried*), Farbe 012 (Goldlurex), 140 und 170 cm breit, 70 GF/10 cm
Sticharten und Garn: Plattstich: *Anchor*-Perlgarn Nr. 3, Farbe 926, 15 g; Stopfstege, Madeiraröschen, Blüten, Blätter, Spitzenrand, gerader Fadenlauf: *Anchor*-Perlgarn Nr. 8, Farbe 926, 20 g

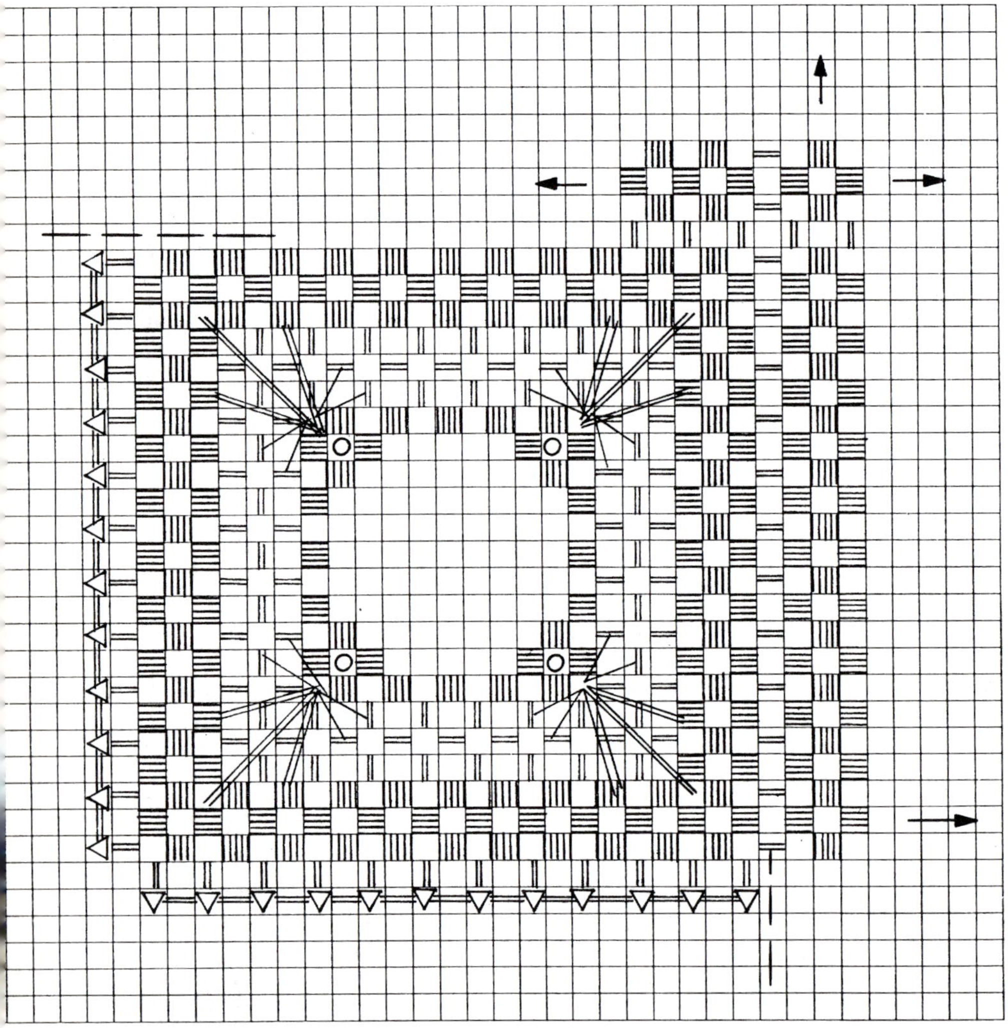

Anleitung
Arbeitsbeginn ist in einer Ecke oder in der Mitte einer Außenkante. Die Madeiraröschen müssen vor dem Ausschneiden für die Stopfstege gestickt werden. Das Muster bietet sich zum Verlängern und Verbreitern an.

Deckchen in Pastellton

Anleitung
Arbeitsbeginn in der Mitte einer Längsseite oder einer schmalen Seite. Die Viertel-Sterne werden über folgende Gewebefäden gestickt: 2, 2, 4, 4, 6, 6, 8, 8, 10, 10, 8, 8, 6, 6, 4, 4, 2, 2.

Größe: 49 x 28 cm
Stoffzuschnitt: 55 x 35 cm
Stoff: *Rügen*-Zählstoff (Art. 3015, *I.C. Leibfried*), Farbe 440, 170 cm breit, 70 GF/10 cm
Sticharten und Garn: Plattstiche und 1/4 Stern: *Anchor*-Perlgarn Nr. 3, Farbe 02, 40 g; Stopfstege, Pikotstege und Langettenrand : *Anchor*-Perlgarn Nr. 5, Farbe 02, 30 g

Vorlage siehe Vorlagenbogen Seite B

Das adelt jeden Tisch

Rechteckiges rustikales Deckchen

Größe: 51 x 41 cm
Stoffzuschnitt: 55 x 42 cm
Stoff: *Vieböck*-Läuferleinen, Farbe 240 natur, 42 cm breit, 60 GF/10 cm
Sticharten und Garn: Plattstich und Stopfstege: *Anchor*-Perlgarn Nr. 3, Farbe 390, 30 g; eingestickte Stege und Langettenrand: *Anchor*-Perlgarn Nr. 5, Farbe 390, 25 g

Motivanordnung

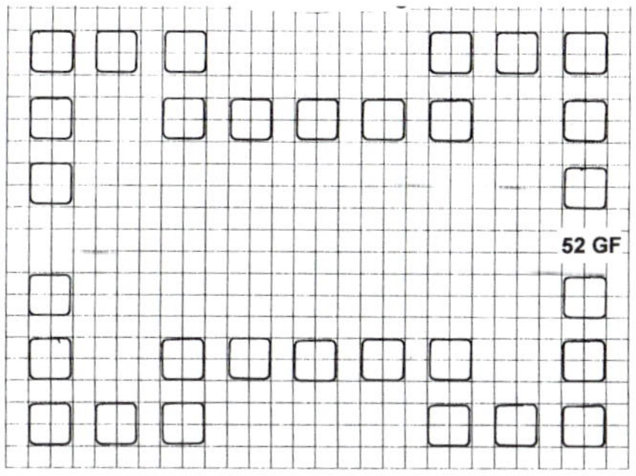

Anleitung
Der Läufer wird nach Zählmuster in einer Ecke begonnen.

Die Plattstichquadrate bestehen aus jeweils 20 Gewebefäden, deshalb müssen auf jeder Seite 21 Gewebefäden gestickt werden. Die Plattstichquadrate werden folgendermaßen ausgeschnitten: Von der Ecke aus 8 Gewebefäden schneiden, die 4 mittleren Gewebefäden stehen lassen und die restlichen 8 Gewebefäden wieder abschneiden. Dann die Stege stopfen und danach die Hilfsfäden für die Blüten einziehen. Dies kann von den Plattstichgruppen aus nach innen, aber auch von der Mitte aus nach außen geschehen. Im Zählmuster ist ein Viertel des Modells abgebildet.

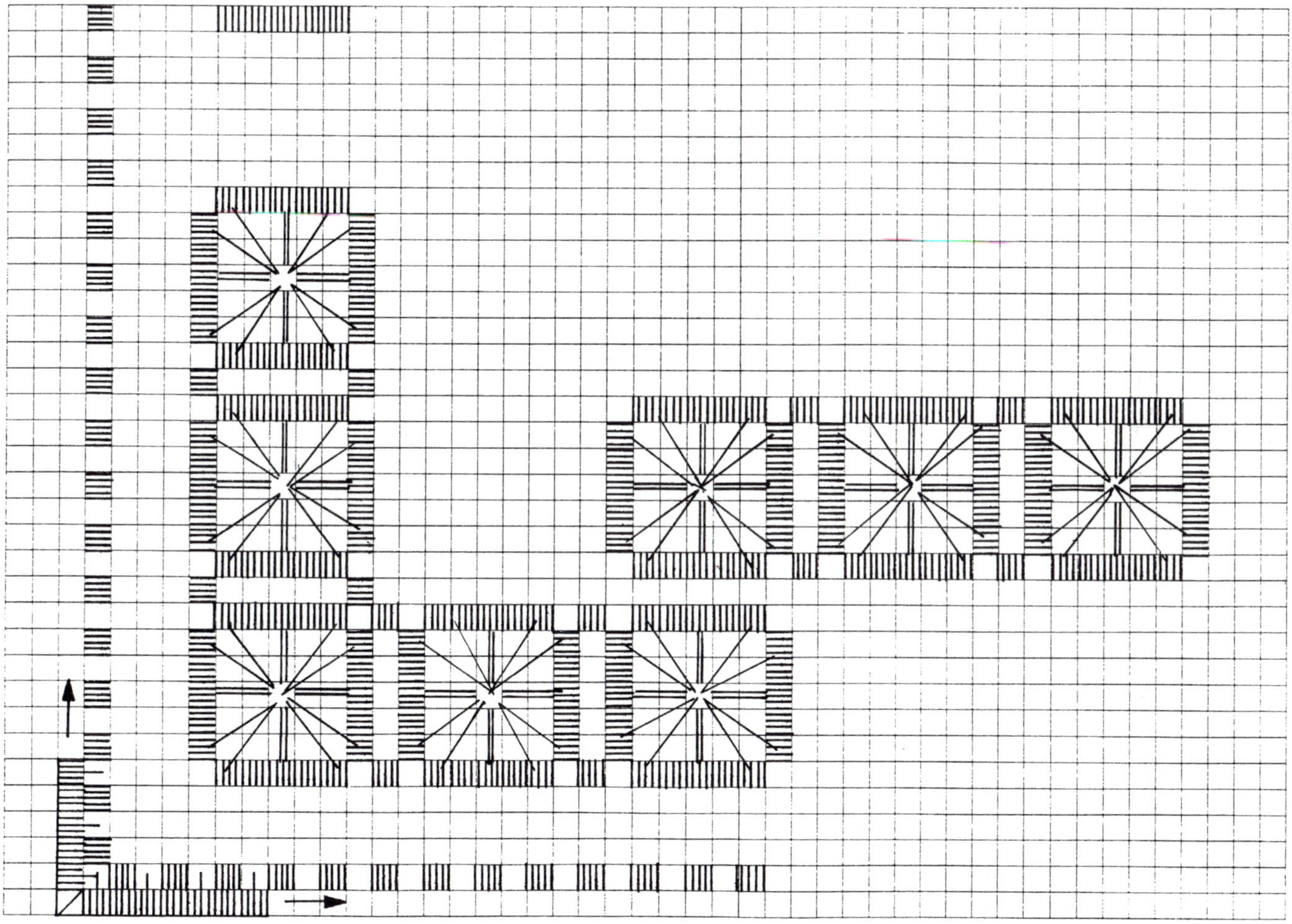

Quadratische Decke mit Hohlsaum

Größe: 74 x 74 cm
Stoffzuschnitt: 85 x 85 cm
Stoff: *Tirol*-Zählstoff (Art. 5008, *I. C. Leibfried*), Farbe 01, 140 und 170 cm breit, 70 GF/10 cm
Sticharten und Garn: Plattstich: *Anchor*-Perlgarn Nr. 3, Farbe 926, 25 g; Kleeblattborte: *Anchor*-Perlgarn Nr. 5, Farbe 926, 25 g; Stopfstege, Pikotstege und Hohlsaum: *Anchor*-Perlgarn Nr. 8, Farbe 926, 30 g

Anleitung
Arbeitsbeginn ist in einer Ecke, ca. 11 cm ab Rand. Hier wird zunächst mit der Kleeblattborte begonnen. Die senkrechten Plattstichgruppen werden über 4, 5, 6, 5, 4 Gewebefäden gearbeitet. Zwei dieser Kleeblätter liegen sich jeweils gegenüber. Der Freiraum zwischen den Kleeblättern wird ebenfalls ausgestickt und zwar gehen die Stiche hier über folgende Gewebefäden: 4, 6, 8, 6, 4, siehe Zählmuster.
Nach der Kleeblattborte folgt eine Borte aus Stegen und schräg eingestickten Pikotstegen. Für diese Anordnung werden zwischen den Plattstichgruppen 12 Gewebefäden benötigt. Nach dem Sticken der Plattstichgruppen werden zuerst die Stege gestopft, danach die Pikotstege eingefügt.
Zwischen den Kleeblattborten und den Borten aus Pikot- und Stopfstegen liegen immer 20 Gewebefäden. Dieser Abstand ist auch zwischen Kleeblattborte und Hohlsaum eingehalten. Für den Hohlsaum wird der 21. Gewebefaden ausgezogen und der Stoff als Saum zweimal umgeschlagen. Die fertige Hohlsaumkante hat eine Breite von ca. 2 cm.
Die Decke läßt sich in ihren Ausmaßen beliebig verändern.

Vorlage siehe Vorlagenbogen Seite B

Beigefarbener Läufer

Größe: 62 x 22 cm
Stoffzuschnitt: 70 x 30 cm
Stoff: Flockenbast *(Zweigart & Sawitzki),* Farbe 53 natur, 140 cm breit, 71 GF/10 cm
Sticharten und Garn: Plattstich: *Anchor*-Perlgarn Nr. 3, Farbe 926, 15 g; Langettenrand: *Anchor*-Perlgarn Nr. 5, Farbe 926, 10 g; Stopfstege, Blüten, Madeiraröschen: *Anchor*-Perlgarn Nr. 8, Farbe 926, 10 g

Anleitung
Arbeitsbeginn in der Mitte einer schmalen Seite nach Zählmuster arbeiten. Der Läufer kann verlängert und verbreitert werden, ganz nach Ihren speziellen Vorstellungen.

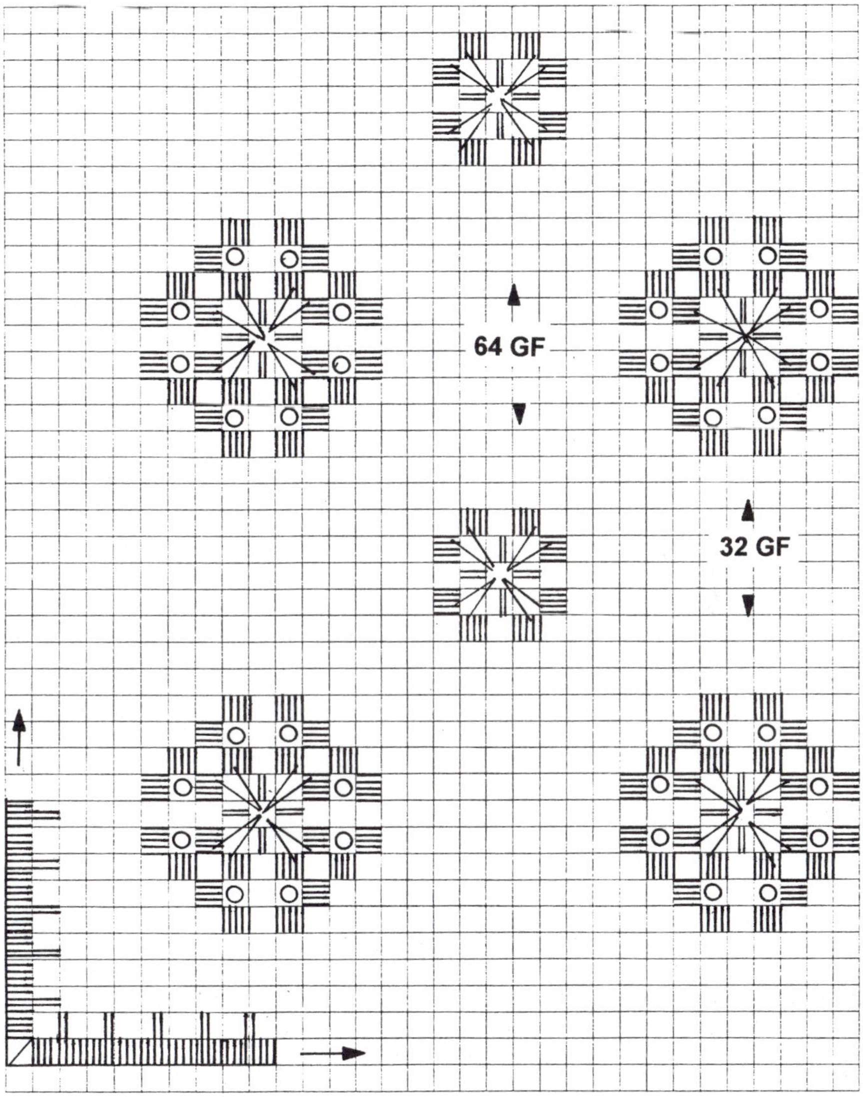

Rustikale runde Decke

Größe: 53 cm Durchmesser
Stoffzuschnitt: 60 x 60 cm
Stoff: Flockenbast *(Zweigart & Sawitzki)*, Farbe 53 natur, 140 cm breit, 71 GF/10 cm
Sticharten und Garn: Plattstiche und 1/2 Stern: *Anchor*-Perlgarn Nr. 3, Farbe 926, 50 g; Stopfstege, Spitzenrand, gerader und schräger Fadenlauf: *Anchor*-Perlgarn Nr. 5, Farbe 926, 50 g; Madeiraröschen: *Anchor*-Perlgarn Nr. 8, Farbe 926, 10 g

Anleitung
Zunächst den Stoff am Rand sichern, entweder mit Zickzackstich versäubern oder kleben. Dann in der Mitte einer Seite, ca. 3 cm ab Außenkante, mit den Plattstichgruppen beginnen. Das Zählmuster zeigt ein Viertel der Decke, d.h. es muß gegengleich weitergestickt werden. Auch bei diesem Modell müssen die Madeiraröschen vor dem Ausschneiden gestickt werden. Danach die Stopfstege arbeiten. Die halben Sterne gehen über folgende Gewebefäden: 2, 2, 4, 4, 6, 6, 8, 8, 10, 10, 8, 8, 6, 6, 4, 4, 2, 2.

Vorlage siehe Vorlagenbogen Seite A

Rustikaler Läufer

Größe: 77 x 24 cm
Stoffzuschnitt: 85 x 30 cm
Stoff: *Haller*-Leinen (Nr. 32037/01), cremefarben, 170 cm breit, 60 GF/10 cm
Sticharten und Garn: Plattstiche und Kleeblätter: *Anchor*-Perlgarn Nr. 3, Farbe 926, 15 g; Wickelstege und Langetten-Muschelrand: *Anchor*-Perlgarn Nr. 5, Farbe 926, 15 g; Madeiraröschen: *Anchor*-Perlgarn Nr. 8, Farbe 926, 10 g

Anleitung
Nach dem Zählmuster sticken, in dem das halbe Modell dargestellt ist. Zwischen den einzelnen Motiven liegen jeweils 36 Gewebefäden. Alle anderen Abmessungen sind im Zählmuster ersichtlich. Die Stege werden gewickelt, d. h. daß alle vier Gewebefäden auf einmal umwickelt werden. Auch bei diesem Modell ist darauf zu achten, daß die Madeiraröschen vor dem Ausschneiden gestickt werden.
Der Läufer ist beliebig in der Länge veränderbar.

Vorlage siehe Vorlagenbogen Seite A

Leinenläufer

Größe: 62 x 26 cm
Stoffzuschnitt: 70 x 30 cm
Stoff: *Haller*-Leinen (Nr. 32037/01), cremefarben, 170 cm breit, 60 GF/10 cm
Sticharten und Garn: Plattstiche und Stopfstege: *Anchor*-Perlgarn Nr. 3, Farbe 926, 15 g; Schlingen und Langettenrand: *Anchor*-Perlgarn Nr. 5, Farbe 926, 20 g

Anleitung

In der Mitte einer Schmalseite, ca. 8 cm vom Rand aus, mit den Plattstichmotiven beginnen und nach dem Zählmuster weitersticken. Jede Seite der Motivumrandungen geht über folgende Gewebefäden: 4, 4, 4, 4, 5, 5, 5, 5, 5, 4, 4, 4, 4. Der Läufer ist in der Länge veränderbar.

Vorlage siehe Vorlagenbogen Seite B

Tafeldecke

Größe: 190 x 137 cm
Stoffzuschnitt: 200 x 180 cm
Stoff: *Ariosa*-Effektgewebe (Art. 3711, *Zweigart & Sawitzki*), Farbe 237, 180 und 140 cm breit, 75 GF/10 cm
Sticharten und Garn: Plattstich: *Anchor*-Perlgarn Nr. 3, Farbe 386, 500 g; Stopfstege und Monogramm: *Anchor*-Perlgarn Nr. 5, Farbe 386, 350 g; Madeiraröschen und Hohlsaum: *Anchor*-Perlgarn Nr. 8, Farbe 386, 30 g

Anleitung

Arbeitsbeginn ist in der Ecke einer schmalen Seite. Es ist ratsam, Motiv für Motiv zu sticken, damit eventuelle Fehlerquellen schnell gefunden werden können. Die Madeiraröschen müssen auch hier vor dem Ausschneiden gestickt werden.

Die Decke ist in vier Sechserblöcke eingeteilt, siehe Motivanordnung. Zwischen den Blöcken liegen jeweils 100 Gewebefäden. Der Randabschluß ist ein Hohlsaum.

Um die Motive herum ist ein Langettenrand als Randabschluß gearbeitet. Der genaue Übergang von Langettenrand zu Hohlsaum ist im Detailfoto ersichtlich. Empfehlenswert ist, den Übergang auf der linken Seite mit *Gütermann HT2* Textilkleber zu sichern.

Die Decke kann durch Stoffzugabe zwischen den Sechserblöcken beliebig in Länge und Breite verändert werden. Obwohl das Modell schwierig aussieht, ist es auch für Anfänger geeignet, da nur Grundstiche der Hardangerstickerei verwendet werden. Allerdings verbergen sich in diesem Prachtstück zwischen 800 und 1000 Arbeitsstunden, je nach Stickgeschwindigkeit!

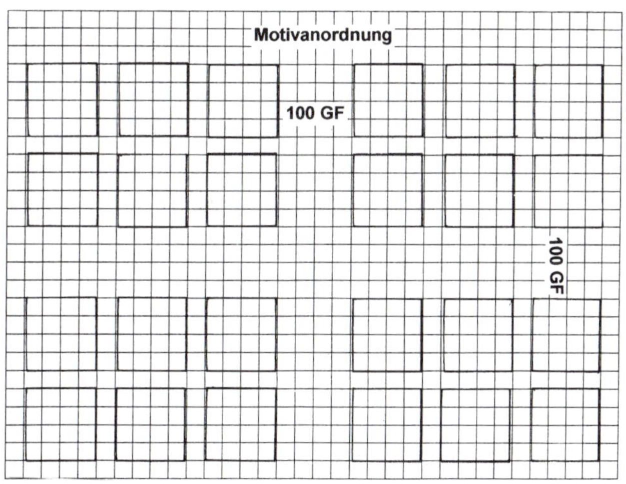

Vorlage siehe Vorlagenbogen Seite B

Rosa Tischdecke

Größe: 84 x 84 cm
Stoffzuschnitt: ca. 90 x 90 cm
Stoff: *Ariosa*-Effektgewebe (Art. 3711, *Zweigart & Sawitzki*), Farbe 436, 140 und 180 cm breit, 75 GF/10 cm
Sticharten und Garn: Plattstiche, Kleeblätter und 1/2 Stern: *Anchor*-Perlgarn Nr. 3, Farbe 02, 50 g; Pikotstege und Hohlsaum: *Anchor*-Perlgarn Nr. 8, Farbe 02, 20 g

Anleitung
Arbeitsbeginn kann die Mitte einer Außenkante oder eine Ecke sein.
Zwischen den beiden Bordüren ist ein Abstand von 112 Gewebefäden, der halbe Stern wird über folgende Gewebefäden gearbeitet: 2, 2, 4, 4, 6, 6, 8, 8, 10, 10, 8, 8, 6, 6, 4, 4, 2, 2. Die fertige Hohlsaumbreite beträgt 2 cm. Der Abstand zwischen Plattstichgruppen und Hohlsaum beträgt 2 Gewebefäden, der dritte Faden wird für den 2 cm breiten Hohlsaum ausgezogen.

Vorlage siehe Vorlagenbogen Seite A

Filigrane quadratische Decke

Größe: 94 x 94 cm
Stoffzuschnitt: 120 x 120 cm
Stoff: *Siekaup*-Antikleinen, cremefarben, 150 cm breit, 110 GF/10 cm
Sticharten und Garn: Plattstich und Plattstichmotiv: *Anchor*-Perlgarn Nr.5, Farbe 02, 50 g; Heckenrose und Hohlsaum: *Anchor*-Perlgarn Nr. 8, Farbe 02, 10 g

Anleitung

Der Stoff ist in Karos eingeteilt. Jedes Karo besteht aus 80 Gewebefäden. Die Motive sind von der Karomitte aus gestickt. Insgesamt sind in der Decke auf jeder Seite neun Felder bestickt. Die geneue Anordnung ist der Motivanordnung zu entnehmen. Jede andere Anordnung ist ebenfalls möglich. Der Abstand zwischen dem Hohlsaum und den Motiven beträgt ein halbes Kästchen. Für den Hohlsaum werden hier 2 Gewebefäden ausgezogen.
Die Plattstichmotive werden über folgende Gewebefäden gestickt: 4, 4, 6, 6, 8, 8, 8, 8, 8, 8, 8, 8, 8, 8, 6, 6, 4, 4. Die Verbindung zur nächsten Motivhälfte ist ein Stich über 8 Gewebefäden und ein Stich über 4 Gewebefäden.

Vorlage siehe Vorlagenbogen Seite B

Motivanordnung

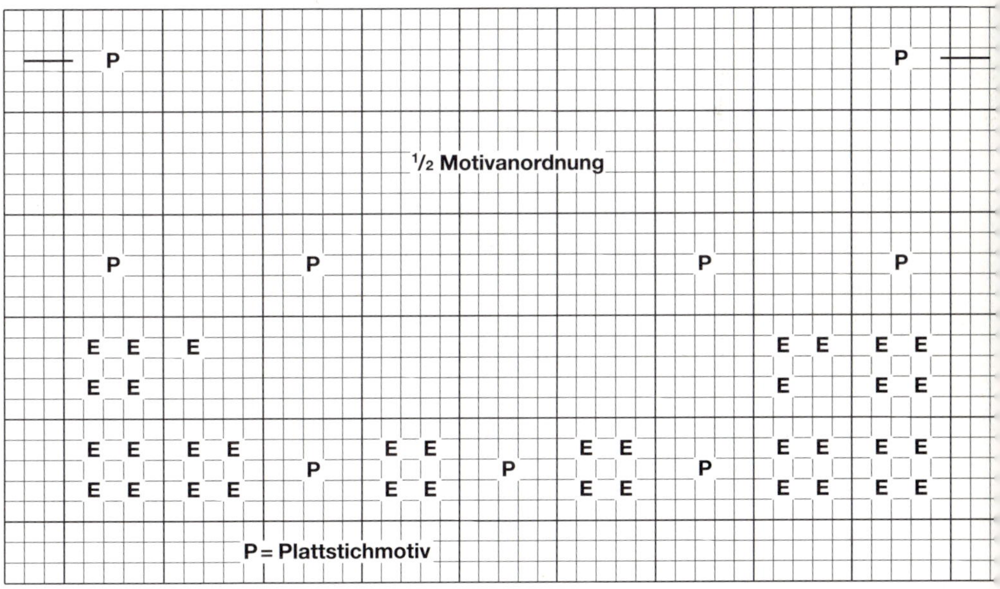

Festlich festlich

Filigranes Deckchen

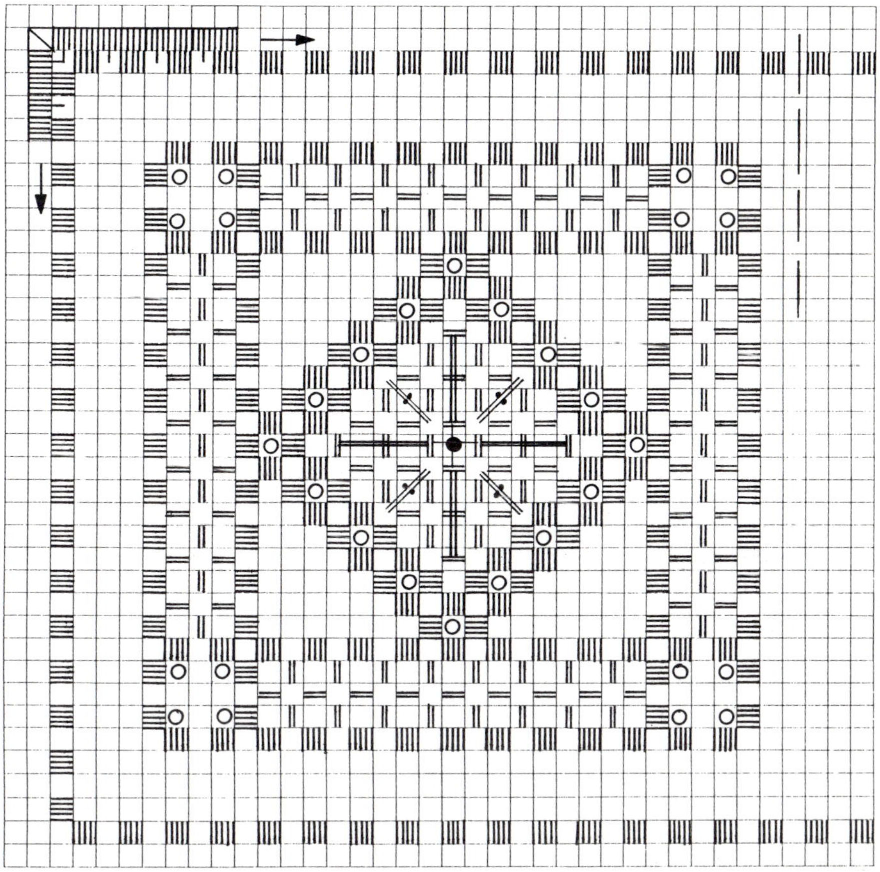

Größe: 62 x 18 cm
Stoffzuschnitt: 70 x 25 cm
Stoff: *Sänger*-Leinen, naturweiß, 140 cm breit, 80 GF/10 cm
Sticharten und Garn: Plattstich und Langettenrand: *Anchor*-Perlgarn Nr. 5, Farbe 926, 20 g; Stopfstege, Pikotstege, Blätter, Schnecken, Madeiraröschen: *Anchor*-Perlgarn Nr. 8, Farbe 926, 20 g

Anleitung
Das Deckchen besteht aus drei Motiven und kann beliebig verlängert werden. Nach dem Sticken der Plattstichgruppen müssen die Madeiraröschen eingearbeitet werden, erst dann kann mit dem Ausschneiden an den Plattstichgruppen begonnen werden. Zwischen den Motiven bleiben 12 Gewebefäden Abstand.

Edler Leinenläufer

Größe: 122 x 21 cm
Stoffzuschnitt: 130 x 21 cm
Stoff: *Sänger*-Leinen, rohweißes Leinenband (Art. 2653/1), Stickband 21 cm breit, 80 GF/10 cm
Sticharten und Garn: Plattstich, Kleeblattstich und ½ Sterne: *Anchor*-Perlgarn Nr. 5, Farbe 02, 50 g; Stopfstege, Madeiraröschen und Muschelrand: *Anchor*-Perlgarn Nr. 8, Farbe 02, 20 g

Anleitung
Wie beim Klapperdeckchen von Seite 17 den Stoff in der Breite genau auszählen und in der Breitenmitte, ca. 3 cm ab Rand, mit den Plattstichgruppen beginnen. Madeiraröschen einsticken und dann die Motive stopfen. Die halben Sterne werden über folgende Gewebefäden gestickt: 2, 2, 4, 4, 6, 6, 8, 8, 10, 10, 8, 8, 6, 6, 4, 4, 2, 2. Der Läufer besteht aus drei großen und zwei kleinen Motiven, die abwechselnd angeordnet sind.

Vorlage siehe Vorlagenbogen Seite A

Mitteldecke

Größe: 64 x 64 cm
Stoffzuschnitt: 80 x 80 cm
Stoff: *Rügen*-Zählstoff (Art. 3015, *I. C. Leibfried*), Farbe 09, 140 und 170 cm breit, 70 GF/10 cm
Sticharten und Garn: Plattstich: *Anchor*-Perlgarn Nr. 3, Farbe 02, 50 g; Pikotstege und Hohlsaum: *Anchor*-Perlgarn Nr. 8, Farbe 02, 10 g

Anleitung
Den Stoff mit Zickzackstich einfassen oder anderweitig gegen Ausfransen sichern. Arbeitsbeginn ist in der Mitte einer Seite, ca. 15 cm ab Rand. Die Einteilung der Sternmotive ist aus der Motivanordnung ersichtlich. Eine Seite wird über folgende Gewebefäden gestickt: 8, 7, 6, 5, 4, 3, 2, 3, 4, 5, 6, 7, 8. Beim Ausschneiden der Motive für die Pikotstege ist besondere Konzentration erforderlich, weil diesmal nicht, wie sonst üblich, von der Ecke aus geschnitten wird, sondern genau umgekehrt. Die Reihenfolge lautet hier: 4 Gewebefäden stehen lassen, 4 Gewebefäden

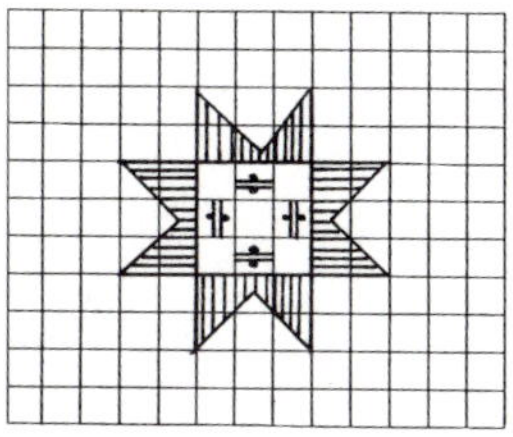

(also die mittleren 4 Gewebefäden) schneiden, 4 Gewebefäden stehen lassen.
Der Abstand der Sternmotive vom Gewebefaden 2 beträgt zur Außenkante 49 Gewebefäden. Arbeitsbeginn ist hier der Gewebefaden 8. Die Außenkante vor dem Hohlsaum geht über folgende Gewebefäden: 2, 3, 4, 5, 6, 7, 8, 9, 8, 7, 6, 5, 4, 3. Es besteht die Möglichkeit, daß in den Ecken die Motive nicht genau aneinander gestickt werden können. Sollte dies der Fall sein, dann empfiehlt es sich, den Stich, der über 2 Gewebefäden gearbeitet wird, noch einmal zu sticken. Dieser Vorgang muß unter Umständen noch ein- bis zweimal auf jeder Seite wiederholt werden. Zwischen der Außenkante und dem Hohlsaum bleiben 5 Gewebefäden liegen, der 6. Gewebefaden wird für den Hohlsaum ausgezogen. Die fertige Hohlsaumbreite beträgt 2 cm.

Motivanordnung

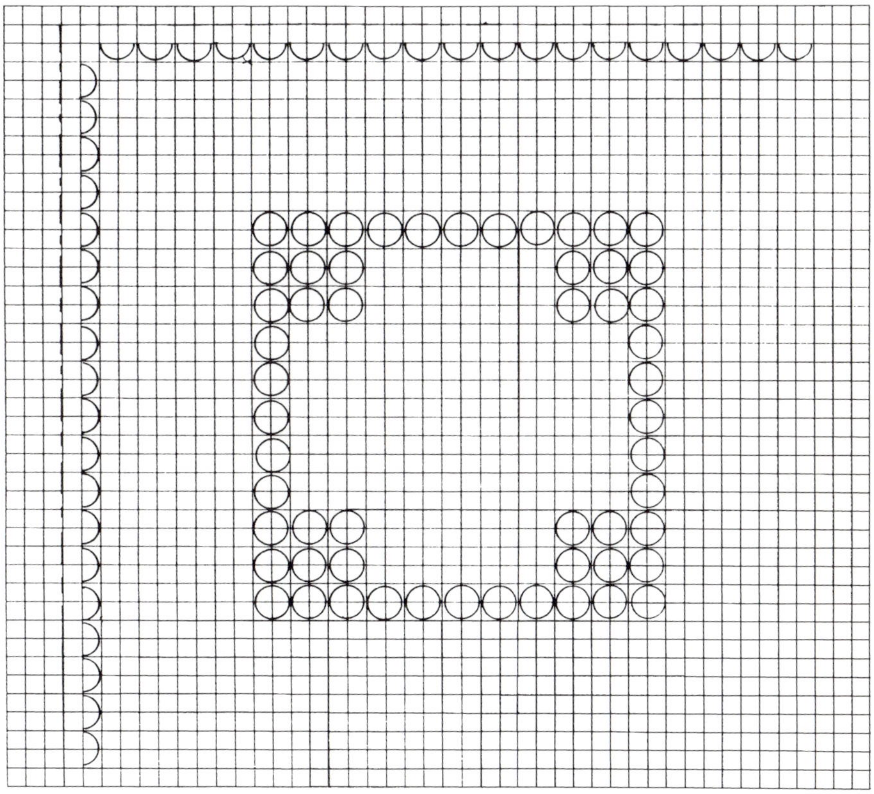

Festlicher Stern

Größe: 27 x 27 cm
Stoffzuschnitt: 35 x 35 cm
Stoff: *Davosa*-Zählstoff (Art. 3770, *Zweigart & Sawitzki*), Farbe 1, 140 cm und 180 cm breit, 71 GF/10 cm
Sticharten und Garn: Plattstich: *Anchor*-Perlgarn Nr. 3, Farbe 02, 10 g; Stopfstege und Langetten-Muschelrand: *Anchor*-Perlgarn Nr. 5, Farbe 02, 15 g; Madeiraröschen: Reste von Glanzband *Diadem (Coats Mez)*, Farbe 300

Anleitung
Sticken Sie die Sternendecke nach Zählmuster.

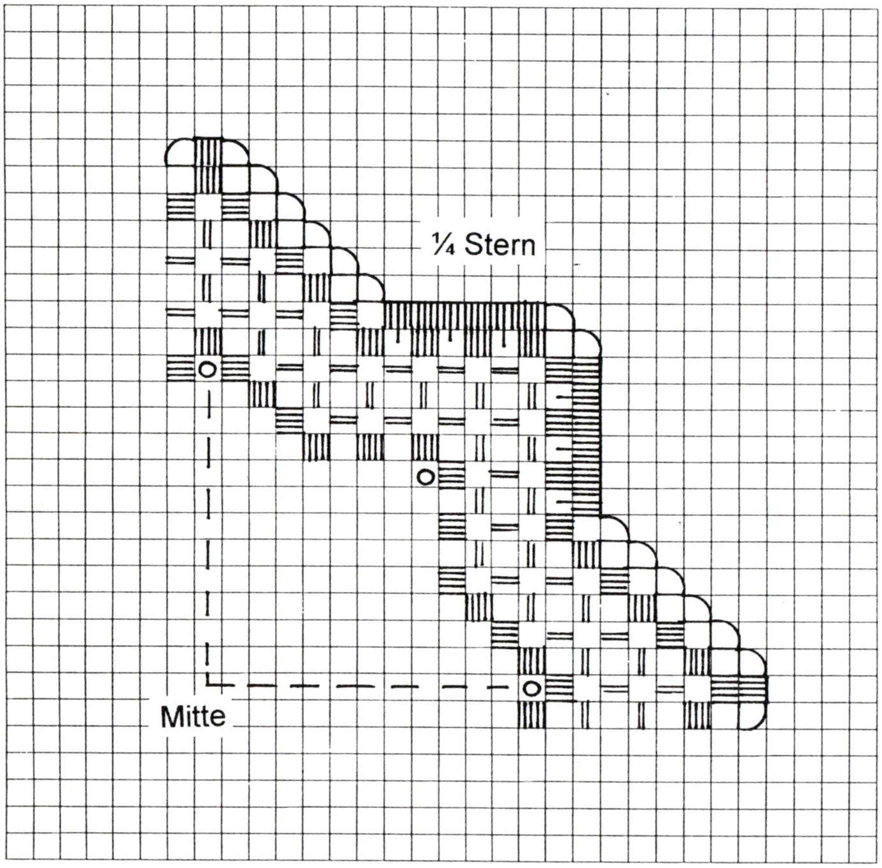

Weihnachtsläufer

Größe: 30 x 140 cm
Stoffzuschnitt: 35 x 170 cm
Stoff: *Hardanger*-Zählstoff (Art. 1019, *I. C. Leibfried*), Farbe 09, 140 cm breit, 65 GF/10 cm
Sticharten und Garn: Plattstich: 1/2 Stern und 1/4 Stern: *Anchor*-Perlgarn Nr. 3, Farbe 02, 75 g; Stopfstege und Langettenrand: *Anchor*-Perlgarn Nr. 5, Farbe 02, 50 g; Madeiraröschen: *Anchor*-Perlgarn Nr. 8, Farbe 02, 30 g; Kreuzstich: 1 Röllchen Glanzband *Diadem* (*Coats Mez,* Art. 5374), Farbe 300

Anleitung
Der Läufer besteht aus insgesamt 6 Motiven und kann beliebig verlängert oder verkürzt werden. Die Erstellung eines einzelnen Motivs ist auch möglich. Arbeitsbeginn ist in der Mitte einer Außenkante mit den Plattstichgruppen. Die Sternmotive gehen über folgende Gewebefäden: 2, 3, 4, 5, 6, 7, 8, 7, 6, 5, 4, 3, 2.

Vorlage siehe Vorlagenbogen Seite B

Quadratische Decke

Größe: 71 x 71 cm
Stoffzuschnitt: 80 x 80 cm
Stoff: *Ariosa*-Effektgewebe (Art. 3711, *Zweigart & Sawitzki*), Farbe 309, 140 und 180 cm breit, 75 GF/10 cm
Sticharten und Garn: Plattstich: *Anchor*-Perlgarn, Farbe 926, Nr. 3, 50 g;
Stopfstege: *Anchor*-Perlgarn Nr. 8, Farbe 926; Madeiraröschen: *Anchor*-Perlgarn Nr. 8, Farbe 926, 20 g; Hohlsaum: *Anchor*-Perlgarn Nr. 8, Farbe 926

Anleitung
Das Modell wird im schrägen Fadenlauf gearbeitet. Arbeitsbeginn kann in einer Ecke, ca. 11 cm ab Rand sein. Es besteht aber auch die Möglichkeit, in der Mitte einer Außenkante zu beginnen. Zwischen den Plattstichgruppen und dem Hohlsaum ist ein Abstand von 8 Gewebefäden, der 9. Faden wird für den Hohlsaum ausgezogen. Das Modell kann zwischen Innenmotiv und Außenkante beliebig vergrößert werden, indem man einen größeren Abstand einhält. Die fertige Hohlsaumkante ist 2 cm breit.

Vorlage siehe Vorlagenbogen Seite A

Tablettdeckchen mit Hohlsaum

Größe: 47 x 30 cm
Stoffzuschnitt: 60 x 40 cm
Stoff: Flockenbast *(Zweigart & Sawitzki)*, 140 cm breit, 70 GF/10 cm
Sticharten und Garn: Plattstich und Sternplattstich: *Anchor*-Perlgarn Nr. 3, Farbe 150, 25 g; Pikotstege: *Anchor*-Perlgarn Nr. 5, Farbe 150, 10 g; Hohlsaum: Stofffäden

Anleitung
In der Mitte einer Außenkante, ca. 9 cm ab Rand, mit den Plattstichgruppen beginnen. Hier wird zunächst eine Plattstichgruppe über 17 Gewebefäden gestickt, dann im gewohnten Rhytmus Plattstichgruppen 5 Stiche über 4 Gewebefäden, 4 Gewebefäden freilassen, weiterarbeiten. Laut Zählmuster das erste Sternmotiv einarbeiten und nach der Motivanordnung die restlichen Motive sticken. Das Sternmotiv wird über folgende Gewebefäden gestickt: 8, 7, 6, 5, 4, 3, 2, 3, 4, 5, 6, 7, 8. Dann von der Ecke aus für die Pikotstege 4 Gewebefäden schneiden, die mittleren 4 Gewebefäden stehen lassen und die restlichen 4 Gewebefäden wieder ausschneiden. Diesen Vorgang auf den anderen drei Seiten wiederholen und die Stege mit Pikotstegen ausfüllen.
Achtung: Der Hohsaum, fertige Breite 2 cm, ist hier ganz raffiniert angeordnet. Der Faden für den Hohlsaum wird nicht hinter der Plattstichgruppe, sondern davor ausgezogen, d. h. die Plattstiche liegen auf der Hohlsaumkante!
Das Muster ist in Länge und Breite beliebig veränderbar, auf rotem Stoff läßt sich das Tablettdeckchen in ein wunderschönes Weihnachtsdeckchen verwandeln.
Hinweis: Die *Mitteldecke* auf Seite 49 besteht aus den gleichen Sternplattstichgruppen.

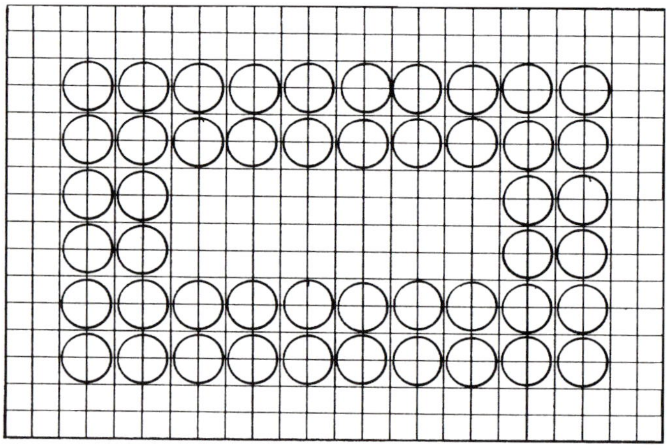

Motivanordnung

Vorlage siehe Vorlagenbogen Seite B

Cremefarbener Läufer

(Titelmodell)

Größe: 100 x 43 cm
Stoffzuschnitt: 110 x 43 cm
Stoff: *Sänger*-Leinen, Läuferstoff, cremefarben, 43 cm breit, 80 GF/10 cm
Sticharten und Garn: Plattstiche, Plattstichmotive, Langettenrand: *Anchor*-Perlgarn Nr. 5, Farbe 02, 25 g; Malteserkreuze, Madeiraröschen, Hohlsaum: *Anchor*-Perlgarn Nr. 8, Farbe 02, 30 g

Anleitung
Der Läufer besteht aus sieben Motiven. Zunächst das Mittelteil des Stoffes auszählen und in der Mitte einer Außenkante etwa 3 cm über der Stoffkante mit den Plattstichgruppen beginnen. Danach die Madeiraröschen einarbeiten und die Plattstichmotive innerhalb und außerhalb der Motive sticken. Die Plattstichverzierungen innerhalb der Motive gehen über folgende Gewebefäden: 2, 2, 4, 4, 6, 6, 8, 8, 6, 6, 4, 4, 2, 2. Außerhalb der Plattstichmotive: 2, 2, 4, 4, 6, 6, 8, 8, 10, 10, 8, 8, 6, 6, 4, 4, 2, 2. Zum Schluß nach Zählmuster einen Langetten-Muschelrand sticken. Danach einen Gewebefaden ausziehen, links und rechts des Motivs den Stoff umlegen und mit Hohlsaumstichen sichern.

Vorlage siehe Vorlagenbogen Seite B

Herzläufer

Größe: 112 x 24 cm
Stoffzuschnitt:
120 cm x 30 cm
Stoff: *Ariosa*-Effektgewebe (Art. 3711, *Zweigart & Sawitzki),* Breite 140 cm, Farbe 931, 75 GF/10 cm
Sticharten und Garn:
Plattstiche: Zweiachtel- und Vierachtel-Zierstern: *Anchor*-Perlgarn Nr. 3, Farbe 46, 25 Gramm; Langettenrand: *Anchor*-Perlgarn Nr. 5, Farbe 46, 15 Gramm Stopfstege, Schnecken: *Anchor*-Perlgarn Nr.8, Farbe 46, 10 Gramm

Anleitung
Arbeitsbeginn ist in der Mitte einer schmalen Außenkante. Die Ziersterne werden über folgende GF gestickt: 2, 2, 4, 4, 6, 6, 8, 8, 10, 10, 8, 8, 6, 6, 4, 4, 2, 2.

Vorlage siehe Vorlagenbogen Seite A

Festliches Deckchen

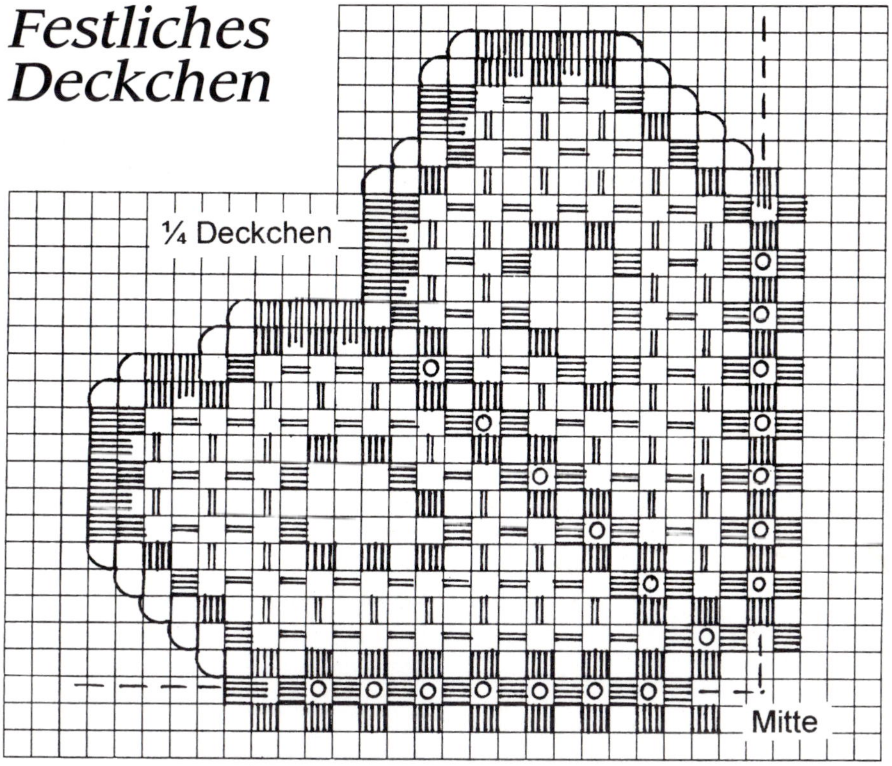

Größe: 29 x 29 cm
Stoffzuschnitt: 35 x 35 cm
Stoff: *Davosa*-Zählstoff (Art. 3770, *Zweigart & Sawitzki*), Farbe 522, 140 cm breit, 71 GF/10 cm
Sticharten und Garn: Plattstiche: *Anchor*-Perlgarn Nr. 3, Farbe 02, 15 g; Stopfstege und Langetten-Muschelrand: *Anchor*-Perlgarn Nr. 5, Farbe 02, 10 g; Madeiraröschen: *Anchor*-Perlgarn, Farbe 8, 5 g

Anlcitung

Das Deckchen wird im schrägen Fadenverlauf gearbeitet, nach den Plattstichgruppen werden die Madeiraröschen eingearbeitet. Dann erst werden die Stopfstege freigelegt.

Herzanhänger

Größe: 18 x 17 cm
Stoffzuschnitt: 25 x 20 cm
Stoff: *Ariosa*-Effektgewebe (Art. 3711, *Zweigart & Sawitzki*), Farbe 100, 140 und 180 cm breit, 75 GF/10 cm
Sticharten und Garn: Plattstich: *Anchor*-Perlgarn Nr. 3, Farbe 02, 10 g; Stopfstege und Malteserkreuze: *Anchor*-Perlgarn Nr. 8, Farbe 02, 10 g; Langetten-Muschelrand: 2 Röllchen Glanzband *Diadem (Coats Mez)*, Farbe 302, gold-silber meliert

Anleitung
Das Herz ist im schrägen Fadenlauf gearbeitet. Die Einteilung von Stopfstegen und Malteserkreuzen ist im Diagramm ersichtlich. Das Herz eignet sich als Anhänger oder als kleines Geschenk. Es ist auch ein schönes Mitbiringsel zur Silberhochzeit, zur goldenen Hochzeit, Taufe oder zu ähnlich feierlichen Anlässen.

Herstellerverzeichnis

Anchor-Garn
Coats Mez GmbH
Postfach 1179
79337 Kenzingen

Tiroler Webkunst
A-6060 Hall in Tirol
(In Deutschland über:
Silberfaden
Handarbeiten und Verlag
Stefanie Zweckl
Gruttensteingasse 3
83435 Bad Reichenhall)

Siekaup-Antikleinen
(In Deutschland über:
Silberfaden s. o.)

Haller-Leinen
(In Deutschland über:
Silberfaden s. o.)

I. C. Leibfried GmbH
Am Feger 5
71063 Sindelfingen

Heinrich Vieböck
Mühlviertler Leinenweberei
Leonfelder Str. 26
A-4184 Helfenberg/OÖ
(In Deutschland über:
Jürgen Timm
Söll 7
83257 Gstadt am Chiemsee)

Sänger-Leinen
Oberstrasse 2
CH- 3550 Langnau i. E.
(In Deutschland über:
Hessen Leinen
H. Braun-Handarbeiten
Ringmauer 23
36110 Schlitz)

Zweigart & Sawitzki
Fronäckerstrasse 50
71063 Sindelfingen

Die Deutsche Bibliothek – CIP-Einheitsaufnahme

Hardanger – neue Stick-Ideen : Tischwäsche und Dekorationen ; Vorlagenbogen / Hildegard Iserlohe/Gertrude Zips. [Fotogr.: Klaus Lipa]. – Augsburg : Augustus-Verl., 1998
ISBN 3-8043-0568-7

Zum gleichen Themenkreis ist im Augustus Verlag u.a. folgender Titel erschienen:
Iserlohe/Zips:
Hardanger – Elegante Stickereien

Die im Buch veröffentlichten Ratschläge wurden von Verfasserinnen und Verlag sorgfältig erarbeitet und geprüft. Eine Garantie kann dennoch nicht übernommen werden. Ebenso ist die Haftung der Verfasserinnen bzw. des Verlages und seiner Beauftragten für Personen-, Sach- und Vermögensschäden ausgeschlossen.

Jede gewerbliche Nutzung der Arbeiten und Entwürfe ist nur mit Genehmigung von Verfasserinnen und Verlag gestattet.

Bei der Verwendung im Unterricht und in Kursen ist auf dieses Buch hinzuweisen.

Fotografie: Klaus Lipa, Augsburg
Lektorat: Andrea Müh, Helene Weinold-Leipold
Umschlaggestaltung: Christa Manner, München
Layout: Anton Walter, Gundelfingen

AUGUSTUS VERLAG AUGSBURG 1998

Satz: Gesetzt aus 10 Punkt Leawood Book in QuarkXPress von DTP-Design Walter, Gundelfingen
Reproduktion: GAV Prepress, Gerstetten
Druck und Bindung: Appl, Wemding

Gedruckt auf 115 g umweltfreundlich chlorfrei gebleichtes Papier.

ISBN 3-8043-0568-7

Printed in Germany